VOYAGE

DANS LA GUYANE

ET

LE BASSIN DE L'AMAZONE

CONFÉRENCE

FAITE A LA SOCIÉTÉ DE GÉOGRAPHIE DE L'EST

Par le docteur CREVAUX

MÉDECIN DE PREMIÈRE CLASSE DE LA MARINE FRANÇAISE

NANCY

IMPRIMERIE BERGER-LEVRAULT & Cie

11, rue Jean-Lamour, 11

—

1880

VOYAGE

DANS LA GUYANE

ET

LE BASSIN DE L'AMAZONE

CONFÉRENCE

FAITE A LA SOCIÉTÉ DE GÉOGRAPHIE DE L'EST

Par le docteur CREVAUX

MÉDECIN DE PREMIÈRE CLASSE DE LA MARINE FRANÇAISE

NANCY

IMPRIMERIE BERGER-LEVRAULT & C⁰

11, rue Jean-Lamour, 11

—

1880

VOYAGE DANS LA GUYANE

ET

LE BASSIN DE L'AMAZONE.

------·*·------

A la fin de l'année 1876, je suis chargé par le ministre de l'intruction publique d'une mission ayant pour but l'exploration du haut Maroni. Ce fleuve est la limite entre les Guyane française et hollandaise.

Arrivé à Cayenne au mois de décembre, je suis requis pour soigner une épidémie jaune. Les victimes sont nombreuses, je suis moi-même atteint par la maladie, mais c'est une bonne fortune plutôt qu'une disgrâce, car pour voyager dans l'Amérique équatoriale, avoir eu la fièvre jaune est aussi précieux que d'avoir été vacciné pour vivre en Europe.

L'épidémie cesse au commencement de juillet, vers la fin des pluies; c'est juste le moment favorable pour entrer en campagne.

Parti de la bouche du Maroni, le 6 juillet 1877, avec deux missionnaires et 15 hommes d'équipage, j'arrive chez les nègres Bonis après 21 jours de navigation.

Nous arrivons à peine à moitié route, que déjà nous sommes tous gravement malades. Au bout d'un mois, je reste seul avec un noir de la côte.

Je suis trois semaines sans pouvoir rencontrer un seul homme d'équipage; enfin, un jeune noir excité par le désir de voir le grand fleuve des Amazones dont je l'ai entretenu, et désireux de se distinguer, offre de m'accompagner.

C'est le nommé Apatou que j'ai l'honneur de vous présenter.

C'est avec lui que je remonte le Maroni jusqu'à ses sources, traverse le premier la chaîne des Tumuc-Humac et descends le Yary, qui n'était pas connu au delà de son embouchure.

Je ne vous décrirai pas les difficultés d'un voyage à travers des montagnes absolument désertes et des chutes que les indigènes eux-mêmes n'osent pas aborder. Aux sources du Yary, à plus de 200 lieues de tout pays civilisé, je suis pris d'un accès de fièvre si grave que mes amis les Roucouyennes dansent autour de mon hamac et apportent du bois pour livrer mon corps à la crémation.

Ces péripéties, loin de calmer mon ardeur pour les voyages, ne font que l'exciter, je ne suis pas encore arrivé à l'embouchure du Yary que j'ai projeté une nouvelle expédition.

L'exploration de l'Oyapock et du Parou.

Sept lunes après le 22 juillet 1878, époque convenue avec Apatou, je débarque pour la quatrième fois sur le sol de la Guyane française.

Mon ancien compagnon n'est pas au rendez-vous et, devant l'impossibilité de recruter un équipage à Cayenne, je pars immédiatement pour Surinam, capitale de la Guyane hollandaise.

Je trouve un grand nombre de noirs vagabondant sur le port, j'en choisis quatre, non pas parmi les plus honnêtes, car ce n'est pas sur le quai d'un port d'Amérique qu'on cherche la vertu, mais parmi ceux qui ont les biceps les plus développés.

Le gouverneur de la colonie m'offre le passage à bord d'une corvette de guerre qui se rend au Maroni.

Apatou est arrivé la veille à l'embouchure du fleuve ; il est décidé à m'accompagner malgré une blessure au pied.

Arrivé à Cayenne le 17, j'en pars le 21, à bord d'un aviso de guerre, qui porte le gouverneur dans nos possessions du bas Oyapock.

Le 22 au matin, nous apercevons la montagne d'Argent, et bientôt nous entrons dans le fleuve que je viens explorer.

La nature semble avoir fait des frais pour nous recevoir, des milliers d'aigrettes au plumage blanc et au panache de colonel, de flamands aux couleurs rouges comme du feu, se déplacent devant le navire. Plus loin, ce sont des bandes de perruches vertes qui jacassent au-dessus de nos têtes.

J'arrive à Saint-Georges le 24 août suivant au soir et je me mets en route le 26 avec mes noirs et un patron indien.

Le 27, nous voyons les rives, qui s'élèvent graduellement depuis Saint-Georges, former des montagnes élevées de 150 mètres ; c'est une petite chaîne parallèle à la côte, au milieu de laquelle l'Oyapock s'est frayé un passage.

Le noyau de la montagne étant formé de granit, le fleuve n'a pu le détruire complétement ; son lit reste donc parsemé de grandes roches sur lesquelles l'eau court en formant des rapides et des chutes.

C'est au milieu de la première chute de l'Oyapock que se trouve une petite île qui a été habitée pendant de longues années par un soldat de la bataille de Malplaquet, qui y menait la vie solitaire d'un Robinson. Cet homme était centenaire lorsqu'il fut rencontré, vers 1780, par le célèbre Malouët, gouverneur de la colonie.

Nous passons trois jours à franchir une première ligne de chutes, et le 30 août, mon vieux pilote indien me fait visiter l'ancienne mission Saint-Paul. C'est sur une colline élevée de 15 mètres qu'au siècle dernier les Pères Jésuites avaient fondé une colonie au milieu des Indiens Oyampis. On n'y voit plus de traces de culture ni de vestige de construction. Une croix vermoulue est seule restée debout pour attester le passage de la civilisation.

Je remarque un assez grand nombre d'excavations allongées et disposées parallèlement. C'est l'ancien cimetière qui, d'après mon guide, aurait été saccagé par des Indiens venus des sources du Tamopi ; les misérables ont violé les tombes pour arracher aux squelettes quelques médailles et des crucifix oxydés.

Nous avançons lentement, car les chutes et les rapides rendent la navigation difficile et souvent périlleuse ; quelques jours de pluie font augmenter le courant, et nous ne gagnons qu'en halant le canot sur les branches d'arbres et les lianes qui bordent la rivière.

Enfin, le 2 septembre, nous atteignons un petit village d'Indiens Oyampis. J'annonce mon arrivée par une salve de quatre coups de fusil. Le tamouchi, c'est-à-dire le chef, revêtu d'une chemise, armé d'une canne de tambour-major et décoré d'une pièce de cinq francs à l'effigie de Louis XVIII, nous attend gravement au sommet d'un tertre sur lequel s'élève sa hutte.

Je lui offre un coup de tafia, donne quelques colliers à ses femmes et vais m'asseoir dans mon hamac.

Les huttes des Indiens Oyampis ont un cachet particulier : elles ressemblent à de grandes cages de singes supportées par quatre pieux élevés de 5 à 6 mètres. L'escalier est formé d'un tronc d'arbre légèrement incliné et creusé d'encoches où l'on met le pied.

C'est dans une de ces maisons que je prends une demi-journée de repos pendant que Jean-Pierre et deux de ses hommes font leurs préparatifs de départ. Ils sont décidés à me suivre jusqu'au pays des Roucouyennes, c'est-à-dire jusqu'au Yary.

Le 14 septembre, nous remontons les *Trois-Sauts*. C'est une chute magnifique où l'eau bouillonne en tombant sur trois gradins formés par de grands blocs granitiques.

Le 16, vingt-deuxième jour de marche sans relâche depuis Saint-Georges, la rivière s'étant divisée en deux branches, devient si peu importante que nous abandonnons la navigation.

A mon grand désappointement, pas d'Indiens au débarcadère ; je ne puis faire transporter que nos hamacs, deux bouteilles de sel, des objets d'échange et de la farine de manioc pour quelques jours.

Que faire de mes provisions de conserve et d'excellents vins d'Italie qui m'ont été envoyés par un géographe de Turin ?

Je les livre au pillage dans la soirée. Le vin de Marsala a coulé à flot aux sources de l'Oyapock.

J'ai le regret d'abandonner mon petit domestique Sababodi qui est gravement malade et deux noirs qui sont trop faibles pour continuer. Mon équipage n'est plus composé que de trois hommes, Apatou et deux noirs appelés Stuart et Hopou.

Jean-Pierre me donne mille prétextes pour s'en retourner, mais je le force à nous conduire au premier village oyampis.

Là je trouve un grand nombre d'Indiens qui me suivent volontiers.

Le 22 septembre, je suis atteint d'un premier accès de fièvre, aussi je tâche de gagner au plus vite un cours d'eau navigable.

Les Oyampis nous conduisent à une petite rivière appelée Rouapir.

Ne trouvant pas d'embarcation au port, Apatou coupe l'écorce de deux arbres en sève, les coud, y amarre des bâtons pour s'asseoir et nous nous embarquons avec tous mes bagages sur ces pirogues improvisées.

Les Oyampis s'esquivent avant le lever du soleil, j'en arrête un au moment où il plie son hamac, et, bon gré mal gré, il faut qu'il nous serve de guide.

Nous n'avons pas fait 100 mètres que nous trouvons la rivière impraticable ; des arbres tombés en travers, des lianes se donnant la main d'une rive à l'autre, nous coupent la route à chaque pas. C'est la hache à la main qu'il faut se créer un passage, et, chose terrible, les arbres que nous coupons laissent échapper un suc qui brûle les bras et la figure au plus léger contact.

Nous mettons cinq jours pour parcourir un espace de quelques kilomètres. Enfin, mes hommes étant épuisés, mes pirogues coulant bas, nous arrivons dans la rivière Kou.

Au premier détour, je vois cinq canots montés par des Indiens nus et peints en rouge. Ce sont des Roucouyennes qui m'appellent par mon nom du plus loin qu'ils m'aperçoivent. Je reconnais le tamouchi Yelemeu et les hommes de sa tribu. C'est ce brave chef qui m'a procuré des vivres pour descendre le Yary. C'est avec la pirogue qu'il m'a échangée contre un couteau que j'ai franchi plus de cent chutes.

Je lui demande où il va.

— «Oyapoko! » répond-il en montrant un papier.

Une lettre ici : cela m'intrigue vivement ; un autre voyageur serait-il venu dans ces régions ?

Mais je reconnais mon écriture, c'est une missive de l'année dernière par laquelle j'annonce au ministre de l'instruction publique que je vais lancer mon canot à travers les chutes du Yary. Je me souviens qu'elle fut écrite au milieu de la fumée d'un bûcher sur lequel on brûlait un chef roucouyenne.

« Envoie tes enfants porter la lettre, lui dis-je, et reste avec nous ; je t'ai apporté un fusil du pays des *Parachichi* (c'est ainsi qu'ils appellent les Français). »

L'affaire convenue, j'écris au commissaire de l'Oyapock, lui recommandant de livrer au fils d'Yelemeu, tant de couteaux, de sabres et de haches. J'insiste pour qu'on le traite bien, puisque c'est la première fois que les Roucouyennes vont jusqu'au pays des blancs.

Le lendemain après midi, trois embarcations montées

par 12 hommes se dirigent vers l'Oyapock et deux descendent montées par mes noirs et trois Indiens.

Le 10 octobre, nous débouchons dans le Yary à 7 heures du matin.

Ce n'est pas sans émotion que je retrouve cette belle rivière que j'ai parcourue depuis sa naissance jusqu'à son embouchure.

J'éprouve le plaisir du soldat qui revoit son champ de bataille.

Ma maladie s'aggrave chaque jour, mes hommes sont fatigués et nous manquons de tout, voire même de sel de cuisine.

Je pourrais être indécis sur le parti à prendre.

En battant en retraite par le bas Yary, j'arrive au terme de mon voyage en dix jours. Si je veux gagner les sources du Parou, j'en ai pour plus de trois mois.

Sans la moindre hésitation, je me décide à poursuivre mon itinéraire.

Le lendemain, Apatou, Hopou et moi, nous sommes si malades, que nous devons arrêter la marche pour suspendre nos hamacs aux arbres de la forêt.

Pendant ce temps, une partie de mon escorte s'enfuit et Yolemeu lui-même parle de s'en aller. Je ne le retiens qu'en lui reprenant provisoirement son fusil.

C'est que les Roucouyennes ont peur de la maladie par-dessus tout; l'amitié, la parenté, ne les empêchent pas de fuir une épidémie.

Éprouvant une légère amélioration dans l'après-midi, nous continuons la route pour arrêter la défection des Indiens.

Nous arrivons quelques jours après à l'habitation de Macuipi, avec qui j'ai fait connaissance à mon premier voyage.

Apprenant qu'il est mort, je m'empresse d'adresser des condoléances à sa veuve.

Cette brave femme, nommée Sourouï, se met aussitôt à pleurer et à chanter les louanges de son mari.

Yelemeu, qui m'a déclaré il y a quelques instants qu'il était très-content d'être débarrassé de son terrible voisin, pleure et chante en faisant chorus avec la veuve.

J'apprends que Macuipi, en sa qualité de piaï, c'est-à-dire de médecin, n'a pas été brûlé comme le reste des mortels.

Conduit sur les lieux de la sépulture, je vois une petite hutte au milieu de laquelle se trouve un large trou ayant deux mètres de profondeur. Au fond, j'aperçois mon ancien hôte couché dans un hamac où il semble dormir.

Le corps desséché est complétement peint en rouge. La tête est parée de plumes aux couleurs les plus éclatantes. Le front est ceint d'une couronne faite avec des écailles de caïman, c'est l'emblème de la souveraineté.

Au cou, il porte une petite flûte en os et plusieurs sachets qui renferment des couleurs ; c'est que Macuipi avait un talent particulier pour la peinture.

Je vois près de lui un grand vase, mais il est vide ; les Roucouyennes ne donnent pas à manger à leurs morts. D'ailleurs, le cadavre a sous la main un arc, des flèches et une massue qui pourront lui servir au besoin pour se défendre contre ses ennemis et pourvoir à sa nourriture.

Après cette visite, nous allons nous reposer quelques instants dans une hutte ronde où sont accrochés un grand nombre de hamacs ; le nouveau tamouchi, qui est le fils aîné du défunt, nous apporte une calebasse pleine d'excellent cuchiri.

Je bois avec plaisir cette liqueur acide légèrement alcoolique qui m'avait d'abord répugné.

Chacun vide trois ou quatre calebasses qui lui sont servies par le tamouchi.

En pays roucouyenne aussi bien que chez les Oyampis, c'est le chef qui présente aux étrangers la coupe de l'amitié.

J'arrive le lendemain chez une autre connaissance, le chef Namaoli.

Il n'est pas au débarcadère, mais je trouve à sa place le piaï Panakiki. Celui-ci m'informe que le tamouchi ne peut sortir pour me recevoir, parce qu'il vient d'avoir un enfant.

« Si tu pénètres dans sa hutte, me dit-il, tes chiens mourront subitement. »

Cela m'est égal puisque je n'ai pas de chien.

Je trouve Namaoli couché dans son hamac, tandis que sa femme circule dans l'intérieur de la maison.

Il a un air si sérieux que je pourrais le croire malade, mais il n'en est rien.

Après l'accouchement, c'est l'homme qui se couche, tandis que la femme se promène.

Mon confrère Panakiki répète devant moi la proscription qu'il a faite à son client :

« Il restera couché pendant une lune, et ne mangera
« aucun poisson ni gibier tué avec la flèche. Il se conten-
« tera de cassave et de petits poissons pris avec une plante
« enivrante, appelée nicou. S'il enfreint cette ordonnance,
« son enfant succombera ou deviendra vicieux. »

Nous mettons 8 jours pour atteindre la tribu de Yacou-man où j'ai failli mourir à mon premier voyage.

A notre arrivée, nous voyons le chef se promener dans le village en faisant des aspersions. Il tient à la main un pinceau en plume qu'il trempe dans une calebasse remplie d'un liquide blanc laiteux : c'est le suc d'un tubercule ap-pelé *samboutou* râpé dans l'eau.

Yacouman faisait ses aspergès avec l'air solennel d'un prêtre bénissant la campagne le jour des Rogations.

Je ne tarde pas à être pris de nouveaux accès de fièvre qui détériorent profondément ma constitution ; les Indiens me trouvent une physionomie si piteuse, qu'ils refusent de m'accompagner dans le Parou. Ils objectent que je mourrai sûrement pendant la traversée, qui est d'ailleurs très-difficile.

C'est alors que j'écris la lettre suivante :

« Les voyages d'exploration sont des guerres livrées à la nature pour lui arracher ses secrets.

« Or, je suis à la veille d'une bataille décisive : battu, je serai forcé de revenir par le Yary que j'ai déjà parcouru ; vainqueur, j'effectuerai mon retour par le Parou, qui est un bel affluent de gauche de l'Amazone.

« Mais la lutte se présente mal : les Indiens, mes alliés, m'abandonnent précisément parce que je suis faible. Mon patron Apatou est malade, je n'ai que deux noirs vigoureux, mais incapables. Quant à moi, depuis dix jours je ne suis pas un instant dans un état normal ; le matin, je suis sous l'influence d'une excitation qui double mes forces physiques et ma volonté ; le reste du temps, je frissonne, j'ai une soif intense ou je transpire. »

Le 25 octobre, au lever du soleil, je m'engage dans le bois avec mes trois hommes d'équipage. N'ayant pas de guide, je me dirige avec la boussole et fais route vers l'Ouest. La question capitale est de ne pas devenir plus malade en chemin, car nous ne portons des vivres que pour quatre jours.

Mes hôtes me regardent partir en souriant ; c'est qu'ils sont persuadés que je retournerai sur mes pas avant la fin de la journée.

Vers midi, Apatou signale des Indiens derrière nous... c'est Yacouman lui-même avec deux de ses fils qui viennent se mettre à ma disposition. Ils sont chargés de vivres.... Nous sommes sauvés !

La fièvre m'empêche de fermer l'œil de toute la nuit, et le matin, je suis si fatigué, que je puis à peine remuer. Il faut pourtant sauter de son hamac et se mettre en route.

Au bout d'un quart d'heure d'un pas accéléré, je sens mes jambes fléchir, et bientôt, buttant contre une racine, je tombe à terre comme une masse inerte. J'éprouve une soif dévorante bien que mes membres soient glacés. Une chaleur excessive remplaçant le frisson, on me fait des ablutions générales avec de l'eau froide. La période de sueur ne tarde pas à s'établir ; éprouvant alors un soulagement, j'en profite pour reprendre la marche.

Nous traversons la chaîne de partage des eaux entre le Yary et le Parou, et nous atteignons un village à 5 heures du soir. Nous sommes bien reçus, grâce à la protection de Yacouman qui jouit d'une grande autorité chez les Roucouyennes.

Deux jours après, je suis devant les eaux du Parou. En voyant cette belle rivière, vierge de toute exploration, j'éprouve une joie si vive que je fais tirer quatre coups de feu en signe d'allégresse. Cette manifestation fait le plus grand plaisir à Yacouman et à tout l'équipage.

Il n'y a pas d'habitation au point que nous atteignons ; mais Yacouman connaît un petit village à une faible distance sur la rive opposée.

Il envoie en avant deux de ses hommes, qui reviennent bientôt avec des canots et nous arrivons à midi à l'habitation du chef Canéa.

Résolu à explorer le Parou dans toute son étendue, je fais des préparatifs pour le remonter jusqu'à ses sources.

Yacouman, voyant ma santé se rétablir rapidement, promet de m'accompagner jusque chez les Indiens Trios qui sont établis vers les sources du Tapanahoni et du Parou.

Hopou et Stuart, qui viennent d'avoir une querelle sanglante avec Apatou, ne se mettent en route qu'en murmurant.

Le Parou est beaucoup plus habité que le Yary. Nous rencontrons de petits villages presque à chaque jour, cela me donne l'occasion de faire des études de langage et de mœurs. Je ne tarde pas à parler le roucouyenne assez facilement ; la connaissance de cette langue donne un attrait particulier à mon voyage.

Nous arrivons, le 5 novembre, à l'habitation d'un chef nommé Alamoïké, qui nous reçoit gentiment au milieu de sa petite famille.

Le Roucouyenne, qui est en relation avec les Indiens Trios, connaît le secret de la fabrication du poison des flèches connu sous le nom d'*ourari*, d'où l'on a fait, par corruption, un mot qu'on prononce *courare* en portugais et *curare* en français.

Lui ayant donné une hache et un sabre, il s'engage à me montrer toutes les plantes qui entrent dans la fabrication du poison et à le faire devant moi.

Je ne vous raconterai pas mes excursions botaniques avec le piaï Alamoïké ; je ne ferai pas non plus la description de la fabrication du *curare*, que j'ai suivie dans ses moindres détails. Je vous dirai seulement que j'ai recueilli toutes les plantes qui entrent dans cette mystérieuse composition. J'ai eu la chance de trouver en fleur la liane *ourari*, dont l'écorce de la racine possède toutes les propriétés du *curare*.

Ayant mis de l'écorce râpée de cette racine dans un peu d'alcool, j'obtiens une teinture dans laquelle je plonge la pointe d'une flèche.

Apatou vise un singe perché sur un arbre et le frappe à la cuisse. Cinq ou six secondes après, l'animal chancelle, puis tombe par terre et il succombe environ une minute après la blessure.

J'ai rapporté une assez grande quantité de cette écorce pour faire extraire le principe actif de cet agent puissant, qui trouvera ses applications médicales.

L'administration du *curare* à l'homme est excessivement dangereuse, parce que cette substance varie de composition, mais quand on aura le principe actif, la curarine, il sera possible d'agir avec autant de précision qu'avec la morphine, la strychnine, qui sont aujourd'hui d'un usage journalier.

Pendant que je me livre à ces études, Stuart et Hopou deviennent chaque jour plus récalcitrants ; ils disent qu'ils ne veulent pas m'accompagner plus loin.

Me voyant faire des provisions de poison, ils prétendent que j'ai l'intention d'aller faire la guerre aux Indiens Trios.

Stuart, qui est le plus fort et le plus méchant, m'a refusé l'obéissance dans la journée, et dans la soirée, il ose venir à moi pour m'insulter devant le chef indien : je saisis mon fusil et le couche en joue.

Le bruit des batteries qui s'arment agit sur l'agresseur comme un coup de foudre, sa loquacité furieuse fait bientôt place au silence le plus calme.

Le lendemain, je m'embarque avec Yacouman et Apatou dans une toute petite pirogue ; mes deux noirs révoltés assistent au départ et se flattent de me forcer à battre en retraite faute d'équipage. Une heure après, j'aperçois une embarcation qui s'efforce de nous rejoindre : ce sont nos déserteurs qui viennent faire leur soumission en pleurant comme des enfants.

Nous arrivons le 9 novembre à un village situé sur un petit affluent de droite, toutes les maisons sont désertes, et au milieu on remarque un enfoncement dans la terre : ce sont les sépultures d'un grand nombre d'indigènes.

Apatou est parti en éclaireur avec Yacouman pour tâcher de trouver quelques habitants dans les alentours ; ils reviennent bientôt suivis d'un couple d'Indiens.

La femme refuse mes présents et me montrant trois fosses fraîchement comblées, prononce les paroles suivantes :

> « *Panakiri ouani oua*
> « Blancs besoin pas.
> *Ala pikinini alele*
> Là enfants morts.

Nono poti
Terre trou.
Echimeu ouaca
Vite pars.
Cassava mia oua. »
Cassave manger non. »

A ces mots, elle se retire et disparaît dans le bois avec l'Indien qui l'accompagnait.

Nous passons la nuit dans ces lieux sinistres, et le lendemain nous continuons à remonter le Parou. Bientôt nous trouvons le cours de cette rivière si difficile à la navigation, même avec une embarcation minuscule, que je me décide à ne pas aller plus loin.

Dès lors, le succès de ma mission est assuré, je n'ai plus qu'à effectuer mon retour en relevant le tracé de la rivière à la boussole et en prenant les hauteurs de soleil dans les points principaux.

En redescendant, nous avons bien soin de regarder de tous côtés pour tâcher de rencontrer des indigènes. Nous découvrons deux villages, mais ils sont complétement abandonnés, et au milieu des maisons qui, pour la plupart sont brûlées, se trouvent une ou deux sépultures.

Dans une hutte, je trouve une femme malade et n'ayant plus de vivres. La malheureuse a été abandonnée par ses compagnons fuyant la maladie.

Le premier mouvement de cette femme est de m'insulter, mais la faim et l'instinct de conservation portent conseil : elle n'hésite pas à prendre passage dans un de mes canots pour gagner un village roucouyenne où je lui ferai donner l'hospitalité.

La descente du Parou est encore plus difficile que celle du Yary. Des chutes sans nombre entravent la navigation. Un jour, je manque de me tuer en tombant dans un précipice.

Cinq canots sur six chavirent dans les sauts; et ma légère embarcation, faite d'un petit tronc d'arbre évidé, montée par Apatou et un Indien, et portant mes cahiers et mes instruments arrive seule sans accident au pied de la grande chute de Panama. Le 29 décembre, après 50 jours de canotage en descendant, nous arrivons à l'Amazone.

Je gagne le Yary en pirogue, le remonte jusqu'au saut de la Pancada pour achever un travail géographique et débarque au Para le 8 janvier 1879.

Je renvoie mon équipage à Surinam et garde Apatou.

Ne pouvant retourner en Europe au plus fort de l'hiver, j'ai l'intention d'aller rétablir ma santé dans la rivière de La Plata, mais grâce à l'hospitalité généreuse d'un compatriote, M. Barrau, mes forces se relèvent avant le départ du vapeur.

Je pense alors qu'une excursion dans l'Amazone doit être plus fructueuse qu'une promenade à Buénos-Ayres.

Je m'embarque donc pour la haute Amazone.

En route, je recueille des inform   ons sur les affluents de ce fleuve. J'apprends que presque tous sont complétement inconnus, les voyageurs modernes se contentant de sillonner les voies battues. A part le vaillant Chandless qui a exploré le Purus et le Tapajos (voir la carte), de Castelnau et de Saint-Crick qui ont descendu l'Ucayaly, et quelques ingénieurs brésiliens qui ont travaillé à la détermination des limites de l'Empire, je vois qu'on n'a rien fait de nouveau depuis le temps où une Française intrépide, M⁰ᵉ Godin, a descendu le Pastassa, et La Condamine le Napo, pour aller de Quito au Para.

Un certain nombre d'affluents beaucoup plus grands que le Rhône sont complétement inexplorés. Personne n'a remonté le Xingu, le Jutahy, le Jurua, le Javary, le Trombette, le Rio-Negro et le Yapura.

On parle beaucoup dans ce moment d'une rivière sur laquelle un négociant colombien, M. Raphaël Reyes, vient d'appeler l'attention, c'est le Rio-Iça ou Putumayo, qui est navigable en vapeur presque jusqu'aux Andes.

Cette rivière n'est connue que par une ébauche tracée à bord d'un vapeur marchant jour et nuit et par des gens plus occupés d'affaires commerciales que de géographie.

Une exploration de ce cours d'eau, qui ne mesure pas moins de 400 lieues, présente tant d'intérêt, que je me décide immédiatement à l'entreprendre. Je fais des vivres, achète des objets d'échange à Manaos et m'embarque pour Tonantins à la bouche du Rio-Iça.

Au moment d'entrer en campagne, Apatou tombe malade, et les habitants du pays ne consentent pas à m'accompagner.

Cette rivière, disent-ils, est très-malsaine, infestée par des insectes qui tourmentent le voyageur jour et nuit; en outre, la saison n'est pas propice, les rives sont noyées, le courant est rapide, il faudrait cinq mois pour atteindre les sources.

Obligé d'abandonner cette entreprise, je continue mon voyage dans l'Amazone jusqu'à Tabatinga, à la frontière du Brésil et du Pérou.

Je fais des excursions dans le Javary, où j'ai la chance de trouver en fleur la plante qui sert à la fabrication du *curare* dans la haute Amazone.

Je constate que le poison des flèches du Pérou n'est pas le même que celui de la Guyane.

De retour au Para, je m'arrange avec le propriétaire d'un vapeur qui doit remonter l'Iça, le plus loin possible, pour prendre un chargement de quinquina.

En attendant le départ, je vais à Marajo étudier une maladie des chevaux, appelée *quebrabunda*, qui est caractérisée par une paralysie des membres postérieurs.

J'ai envoyé au ministère une série de flacons contenant des pièces pathologiques; leur étude sera très-intéressante, car j'ai vu depuis que la quebrabunda des animaux n'est autre que le béribéri de l'espèce humaine.

Je n'ai plus d'argent, mais M. Barrau me fait les avances nécessaires et me donne des lettres de crédit.

En quarante-cinq jours, je vais du Para à Cuemby, à 800 milles dans l'intérieur de l'Iça. J'ai le temps de faire de bonnes observations à la boussole et au théodolite avec des chronomètres en bon état. Je recueille un grand nombre d'objets ethnographiques et cinq crânes d'Indiens dérobés à une tribu d'anthropophages.

Malgré un travail excessif, ma santé reste parfaite, je ne saurais m'arrêter en si belle voie. A côté de l'Iça, se trouve la rivière la moins connue de tous les affluents de l'Amazone, la plus redoutée à cause des chutes, du climat et des indigènes.

Ces obstacles piquent ma curiosité, c'est par là qu'il faut que je revienne.

Une grande difficulté se présente : je n'ai pas d'équipage et je ne puis m'en créer à cause du mauvais vouloir des habitants, qui veulent me fermer la route.

Je vais être obligé de retourner sur mes pas, quand je rencontre un coureur de grands bois escorté de deux vigoureux Indiens. *Ce pirate des Andes* (c'est ainsi qu'on l'appelle) est le seul qui consente à m'accompagner. Je l'enrôle séance tenante avec ses deux hommes au prix qu'ils veulent.

Tout est réglé, lorsque des personnes de confiance m'assurent que mon compagnon est un assassin ; il n'y a pas un mois qu'il a tué un Anglais qu'il escortait dans le Napo.

Je pars le 16 mai avec une escorte composée du fidèle Apatou, des trois brigands et d'un petit Indien indifférent.

Malgré le mauvais temps, car j'entreprends mon voyage au plus fort de la saison des pluies, j'atteins, en huit jours, le pied des Andes.

En sept heures de marche, nous passons des sources de l'Iça dans celles du Yapura et nous descendons immédiatement (26 mai).

C'est à peine si je me retourne pour voir le Yapura sortir comme un torrent de deux portes taillées dans les hautes montagnes des Andes. Mon canot court avec une rapidité effroyable entre les derniers contreforts qui sont recouverts de quinquina. En trois jours, je suis hors des derniers avant-postes de la civilisation.

Une tribu d'Indiens appelés *Carijonas* nous fait un accueil sympathique. Une grande surprise nous était réservée : Apatou et moi nous comprenons la conversation de ces indigènes, c'est que leur langage présente une très-grande analogie avec la langue roucouyenne que nous avons apprise dans le Yary et le Parou.

Je décide trois d'entre eux à m'accompagner jusqu'aux chutes.

Le 1er juin, je suis reçu par une tribu nombreuse d'Indiens Coreguajes qui se livrent à des fêtes accompagnées de danses.

Le 11, nous rencontrons une petite chute où nous manquons de chavirer, à cause d'une panique qui s'empare de mes hommes, qui n'ont pas la pratique de cette navigation.

Le 13, nous arrivons au saut *Kuemany,* que les indigènes considèrent comme infranchissable. Apatou s'y engage, mais il manque d'y périr avec trois canotiers.

Ils ont couru un danger si sérieux qu'ils ont été forcés de jeter à la rivière les bagages et leurs vêtements. Mon pirate des Andes a été saisi d'une telle frayeur qu'il en devient malade.

Le 14 juin à midi, nous rencontrons le grand saut Araquara, ainsi nommé parce que les berges de la rivière sont si hautes que les aras y font leurs nids (*arara*, ara, et *quara*, nid).

Il faut abandonner ma dernière embarcation et chercher un chemin par terre. Nous atteignons un grand plateau formé par une pierre de sable analogue à celle qu'on rencontré dans les Vosges. C'est au milieu de cette montagne que le Yapura a été obligé de se créer un passage ; ses berges blanches formées de rochers fendus en long et en travers ressemblent à des murailles élevées par des géants.

Ses eaux avaient tout à l'heure une largeur de 700 à 800 mètres. Jugez quelle vitesse elles acquièrent en pénétrant dans un espace qui n'en mesure pas plus de 50.

Après 1 kilomètre de course vertigineuse, la rivière redevient calme. Je me demande si nous avons trouvé un port : non, c'est un barrage, une chute au-dessus de laquelle les eaux éprouvent un moment d'arrêt, puis se jettent dans un abîme de 30 mètres.

Parti en éclaireur avec Apatou nous marchons six heures sans trouver un sentier. La nuit approche lorsque nous rencontrons une piste qui nous conduit au pied de la chute.

Nous prenons un bain sur une plage de sable où les eaux sortant du gouffre forment des vagues comparables à celles d'une mer furieuse. Nous allons nous coucher sans souper lorsque nos compagnons arrivent successivement apportant les vivres et les bagages.

N'ayant plus d'embarcation, je fais couper cinq arbres pour construire un radeau.

Nous n'avons pas fait trois heures de marche que j'aperçois un canot monté par trois Indiens appelés Ouitotos. Je les fais venir et ils offrent de me conduire à leur village.

Apatou, qui m'accompagne, me fait remarquer que les bancs de la pirogue sont d'un bois très-lourd et portent une corde à l'extrémité. Ce sont de véritables massues avec lesquelles nos hôtes pourraient bien nous assommer.

Nous mettons deux heures pour atteindre un village situé sur les bords d'une rivière appelée Arara.

Une grande agitation règne dans la tribu.

Les hommes font des gestes animés comme s'ils se querellaient, les femmes circulent avec précipitation, les enfants se sauvent dans le bois.

En entrant dans une maison, je remarque un maxillaire inférieur suspendu au-dessus de la porte, avec quelques flûtes faites avec des os humains. Dans un coin, j'aperçois un tambour surmonté d'une main desséchée recouverte de cire d'abeilles.

Les hommes ont les bras et les jambes peints en noir bleuâtre avec du genipa ; les lèvres et les dents en noir foncé avec la tige du balisier, et le bord des paupières en rouge vif avec du roucou.

Quelques-uns ressemblent à de vrais diables.

Les femmes ont tout le corps, à l'exception du cou, recouvert d'une substance noire sur laquelle sont figurés des dessins blancs et jaunes. C'est une espèce de caoutchouc blanc laiteux à la sortie de l'arbre et qui devient noir au contact de l'air. Ils l'étendent à l'état liquide et le saupoudrent, pendant qu'il durcit, avec des matières colorantes.

Pendant qu'Apatou surveille la maison, je vais faire une ronde dans l'abatis.

J'aperçois une poterie contenant de la viande fumante. C'est la tête d'un Indien qu'une femme fait cuire.

Je n'ai guère envie de m'attarder ici ; je fais entendre que je veux acheter un canot et rejoindre mon radeau.

Nouvelle agitation à mon départ.

Deux chefs se disputent au sujet d'un jeune homme qui paraît étranger à la tribu. L'un veut le faire embarquer, l'autre le retient.

Enfin, nous partons avec deux pirogues et, portés par le courant, nous rejoignons bien vite nos compagnons. J'achète une des embarcations et fais démarrer le radeau.

Nous sommes déjà en route, lorsque je vois un Indien blotti au milieu de mes bagages ; je le prie de s'en aller, il débarque, mais en m'adressant un regard étrange que je ne comprends malheureusement que lorsqu'il est déjà loin faisant des gestes de désespoir.

Je devine, mais trop tard, que ce jeune homme est un prisonnier que ces Indiens voulaient vendre. Il eût été très-heureux de sortir des mains de ses ennemis pour venir avec nous.

Le 19, nous arrivons à un petit village de Carijonas, ces mêmes Indiens dont nous comprenons la langue. Pendant la nuit, arrive un des leurs qui paraît avoir la tête égarée par les dangers qu'il vient de courir.

Il voyageait avec deux hommes dans la rivière Arara, lorsqu'il fut surpris et fait prisonnier par les Ouitotos. Séance tenante, un de ses camarades fut attaché à un arbre par les mains et les pieds et tué par une flèche empoisonnée.

Pendant le supplice, le malheureux pleurait comme un enfant, en disant : « Pourquoi me tuez-vous ? »

— Les autres de répondre : « Nous voulons te manger parce que les tiens ont mangé un des nôtres. »

Ils passèrent une perche entre les pieds et les mains attachés et transportèrent le corps à la plage comme un simple pécari.

La chair fut distribuée par le chef qui envoya des morceaux aux tribus voisines. Le spectateur de ces scènes horribles parvint à s'échapper pendant la nuit et descendit la rivière dans un tronc de palmier qu'il évida avec une hache en pierre.

Le troisième prisonnier était le jeune homme que les Ouitotos voulaient vendre. Qu'est-il advenu de ce malheureux ? Il y a tout lieu de croire qu'il n'a pas tardé à être égorgé.

La suite du voyage est des plus dangereuses et des plus pénibles. Le jour, nous avons les pieds dévorés par des mouches qui sucent le sang et laissent dans la plaie un venin qui occasionne de la tuméfaction et des ulcères. La nuit, c'est tantôt la pluie, tantôt les moustiques ou les Indiens qui nous empêchent de dormir. Plusieurs fois, nous sommes assaillis par des menaces et des provocations qui nous mettent hors de nous. Mes hommes ragent de ce que je ne les laisse pas tuer quelques-uns de ces misérables. En maintes circonstances, j'ai moi-même beaucoup de peine à me contenir.

Le 22, un touchao, c'est-à-dire un chef qui m'a d'abord bien reçu, me somme inopinément de lui livrer mes bagages. Une telle audace me révolte, je le pousse contre la muraille.... Un de ses lieutenants me couche en joue, mais son arme s'abaisse rapidement devant le regard d'Apatou qui se prépare lentement à lui envoyer une balle dans la tête.

Je punis l'arrogance de ces Indiens en les forçant à donner des fêtes en mon honneur. Ils se mettent à danser au coucher du soleil, mais au lieu d'avoir des instruments de musique, ils portent les uns des sabres, les autres des flèches empoisonnées.

Vers 10 heures, arrivent deux canots chargés d'Indiens qui viennent sous prétexte de danser.

Nous nous retirons, à minuit, dans une hutte que j'ai fait construire sur la rive à portée de nos canots.

Les Indiens viennent pour nous attaquer vers quatre heures du matin, au moment où ils pensent que nous dormons d'un profond sommeil, mais nous sommes debout le fusil en main, prêts à faire feu.

Devant cette attitude, le touchao et son lieutenant cachent leurs armes et font semblant d'aller se laver à la rivière.

Je vais à leur rencontre et les amène malgré eux dans ma hutte.

Ayant confié ces deux otages à la garde d'Apatou, je dors paisiblement jusqu'au lever du soleil.

Ce chef, qui voulait me traiter en vaincu sans combat, n'a pas moins de dix fusils et autant de sabres de cavalerie, de véritables lattes de cuirassiers.

Bien que vivant à une distance de 200 lieues de l'Amazone, il possède quatre coffres remplis de tous les objets qui servent à la vie civilisée.

Pourquoi donc ces sauvages de l'intérieur sont-ils mieux pourvus que les habitants de l'Amazone?

Cela provient d'un trafic d'esclaves que font leurs chefs avec des négociants brésiliens qui remontent à une centaine de lieues de l'embouchure.

Un enfant à la mamelle est coté la valeur d'un couteau américain; une fille de six ans est évaluée un sabre et quelquefois une hache; un homme, ou une femme adulte, atteint le prix d'un fusil.

C'est avec ces armes que ces Indiens vont faire des excursions sur les rivières voisines, attaquent des populations armées seulement de flèches, tuent ceux qui résistent, font les autres prisonniers et descendent les livrer aux marchands de chair humaine.

Le 26 juin, nous franchissons une quatrième chute qui est suffisante pour empêcher la navigation à vapeur, mais qu'on passe facilement en canot.

Ce barrage, formé par une presqu'île très-étroite, pourrait être détruit par la dynamite.

Le 27, nous passons devant la bouche de l'Apapuri, que les Brésiliens considèrent comme la limite entre leur empire et la Colombie.

Voilà 43 jours que nous couchons par terre, sous des pluies torrentielles, n'ayant pour abri qu'un petit toit que nous faisons chaque soir avec des feuilles; il n'est pas étonnant que tous mes hommes soient pris par la fièvre.

Nous succomberions tous infailliblement s'il fallait séjourner quelques semaines de plus dans cette affreuse rivière; aussi, je fais tous mes efforts pour donner de l'entrain à mon équipage. Chaque jour, je suis le premier debout, nous partons à 6 heures et demie du matin, et marchons quelquefois jusqu'à 6 heures du soir.

Pour ne pas perdre dix minutes, nous mangeons en canot la nourriture préparée la nuit.

Il y a toujours deux ou trois malades, c'est encore bienheureux que la fièvre ne nous frappe pas tous à la même heure.

Enfin, le 9 juillet à 5 heures du soir, nous arrivons à l'Amazone.

« Merci, mon Dieu ! s'écrie Apatou, Ouitotos pas mangé moi. »

Il est si content qu'il tire tout le reste de mes cartouches.

Nous passons la nuit dans une habitation appelée Caïçara, et le lendemain nous cherchons à gagner Teffé. Mes hommes sont si fatigués que nous ne pouvons lutter contre le faible courant de la petite rivière sur laquelle est établie cette bourgade.

Cette fois tous ayant la fièvre en même temps, je suis obligé de me mettre moi-même aux avirons ; les moins malades, excités par l'exemple, font un dernier effort pour arriver au but.

Enfin, à 2 heures du soir, nous sommes à Teffé, reçus à bras ouverts par un compatriote, M. de Mathan, qui s'occupe de collection d'histoire naturelle.

Le 15, nous embarquons à bord d'un vapeur qui nous conduit à Manaos, et le 19, après avoir réglé mon équipage et assuré le rapatriement de chacun, je m'embarque avec Apatou pour le Para.

La mission complétement terminée, c'est à mon tour de tomber malade ; la fièvre me prend le 22 et dure jusqu'au 30.

Le 31, je quitte mon hamac pour embarquer sur le vapeur *Ambrose*, à destination de Saint-Nazaire.

En résumé, je rentre en France après avoir fait le travail géographique suivant :

J'ai exploré, dans mes deux voyages, six cours d'eau :

deux fleuves de la Guyane, le Maroni et l'Oyapock et quatre affluents de l'Amazone, le Yary, le Parou, l'Iça et le Yapura.

Si le Maroni, l'Oyapock et l'Iça étaient un peu connus, je puis dire que le Yary et le Parou étaient absolument vierges de toute exploration. Quant au Yapura, qui mesure 500 lieues, il était inconnu dans les quatre cinquièmes de son parcours.

Allocution de M. A. DEBIDOUR, président,

en remettant au docteur Crevaux la médaille d'or.

MESSIEURS,

Les applaudissements mérités qui viennent d'accueillir la lecture de M. le docteur Crevaux sont sans doute, pour votre vaillant compatriote, la plus douce des récompenses. Mais si sa modestie n'en demande pas d'autres, ce n'en est pas moins un devoir pour moi — et je le remplis avec bonheur — d'y joindre un témoignage explicite et public d'estime et d'admiration, au nom de la Société de géographie de l'Est, au nom de la ville de Nancy et, je puis le dire, au nom de la Lorraine tout entière, qui, fière de l'avoir vu naître, s'associe à sa gloire en saluant son triomphe. Trop souvent notre enthousiasme facile a subi les fascinations et les entraînements de la force brutale. Trop de héros ont été célébrés, qui n'avaient d'autres titres à notre respect que des massacres et des conquêtes. Félicitons-nous d'avoir aujourd'hui sous les yeux l'exemple vivant et sain d'un vainqueur qui n'a jamais versé de sang, qui n'a pas fait couler de larmes, qui n'a laissé derrière lui ni haines ni douleurs et qui, au cours de ses périlleuses campagnes, n'a jamais exposé que lui-même. L'ambition du savant qui, pour enrichir l'humanité d'une découverte utile, se jette, seul, sans défense, dans l'inconnu, dans les hasards, et risque chaque jour sa vie ou sa santé, cette ambition, mère de tous les dévouements, de tous les sacrifices, mène ceux qui succombent à une mort obscure, mais procure à ceux qui survivent la véritable gloire. Ah! vous l'avez bien dit, monsieur, un voyage d'exploration est une guerre qu'on fait à la nature pour lui arracher ses secrets. Et quelle guerre? Que d'obstacles à franchir! Que de maladies à affronter! Que d'hostilités à vaincre! Que de piéges à éviter! C'est une lutte incessante, où l'ennemi prend toutes les formes, où rien n'encourage. C'est une bataille de jour et de nuit contre la fièvre, la faim, le découragement; contre la désertion ou la trahison; contre les fleuves, les forêts; contre les bêtes féroces et les sauvages. Cette bataille, elle a duré pour vous quatorze mois, et vous l'avez gagnée, parce que votre énergie n'a jamais faibli, parce que la souffrance n'a pu vaincre votre courage, parce que vous n'avez pas un instant cessé de vouloir. Vous en gagnerez d'autres, nous en sommes bien sûrs, car vous êtes de ces vaillants dont le succès surexcite et ne rassasie pas l'ambition. Mais, en attendant, permettez-nous de célébrer l'heureux accomplissement de votre dernier voyage, événement considérable et dont, à tous égards, vous avez le droit d'être fier. Ce n'est pas, en effet, seulement le triomphe toujours glorieux d'un homme de cœur sur le péril; c'est une victoire nouvelle de la science sur l'inconnu, de la civilisation sur la barbarie. Ce sont quatre grands affluents de l'Amazone, hier encore presque ignorés, et qui, grâce à vous, seront peut-être demain des voies commerciales de premier ordre; c'est la botanique enrichie, c'est la puissance de la médecine accrue par vos observations et vos découvertes. C'est l'ethnographie des races américaines éclairée sur divers points et débarrassée de quelques problèmes. C'est la philanthropie dénonçant une fois de plus le trafic de chair humaine qui déshonore la nation brésilienne.

Permettez-moi d'ajouter que dans cette victoire scientifique et morale, la France, notre patrie et, maintenant plus que jamais, la vôtre, a le droit de voir une victoire nationale. Le sort de la guerre a pu détacher de notre pays le coin de terre qui vous a vu naître, mais vous restez à nous, votre gloire est à nous tout entière. Nous pouvons maintenant vous mettre en tête de cette pléiade qui, marchant sur les traces des La Condamine, des Caillié, des Dumont d'Urville, des Castelnau, porte avec notre drapeau notre influence féconde et pacifique aux quatre coins du monde. Grâce à vous et à vos vaillants émules, la nation française tient noblement sa place dans cette croisade géographique contre l'inconnu, qui sera l'honneur du XIXᵉ siècle. Si nos voisins ont eu leurs héros et leurs martyrs, nous avons eu les nôtres: Ils ont eu Livingstone, nous avons eu Garnier. S'ils ont Chandless, Baker, Cameron ; si d'autres ont Stanley, Schweinfurt, Nordenskiold, nous avons Duveyrier, Soleillet, André, Revoil, et nous avons Crevaux. Partout où pénètrent ces infatigables volontaires, ce n'est pas seulement la science, c'est la France qui passe. Qui donc, en la voyant si jeune, si forte, si hardie, oserait douter de sa vitalité, de son relèvement ?

Les hommes tels que vous, monsieur, sont au-dessus des récompenses vulgaires, comme leurs travaux sont au-dessus des louanges banales. Mais ils ne sauraient être insensibles à l'estime et à la sympathie de leurs concitoyens. La Société de géographie de l'Est, informée par vous-même de votre retour, qu'elle attendait avec impatience, n'a pas cru s'être acquittée suffisamment envers vous en vous donnant place dans ses rangs. Elle a voulu entendre de votre bouche le récit de votre laborieuse expédition, et la ville de Nancy s'est ardemment associée à sa légitime et affectueuse curiosité. La Société m'a chargé de vous exprimer sa gratitude pour l'empressement amical avec lequel vous avez bien voulu répondre à son appel. Elle m'a fait, de plus, un honneur que je n'oublierai pas en me donnant mission de vous remettre une médaille d'or, humble hommage d'un cercle de travailleurs qui profiteront de vos découvertes et souvenir constant de ce pays de Lorraine où tous les cœurs battent à l'unisson du vôtre. Veuillez accepter, monsieur, cette faible marque de notre reconnaissance et de notre admiration. Vous avez obtenu déjà, vous obtiendrez encore des distinctions plus brillantes et plus glorieuses. J'ose croire que vous n'en recevrez pas qui vous soient plus cordialement offertes. Puisse la vue de cette médaille, dans vos expéditions futures, vous rappeler que vous avez ici tout un peuple d'amis! Puisse ce souvenir, en doublant vos forces, vous ramener parmi nous, après de nouvelles découvertes, comme aujourd'hui, plein de vie et plein de gloire!

Le chant d'Apatou.

Après les éloquentes paroles de M. le président, M. Barbier s'est approché d'Apatou et lui a remis, à lui aussi, un témoignage de satisfaction de la part de la Société, pour son dévouement à notre compatriote. Cette récompense consistait en un revolver de fort calibre, véritable arme d'explorateur.

Apatou, surpris, ne se rendit pas bien compte de ce que cela voulait dire. Mais, bientôt revenu de son étonnement, il se rendit à l'invitation du docteur Crevaux qui le fit chanter une mélopée de son pays. Nous devons à l'obligeance de M. Thomas, compositeur de musique, la notation de ce chant que nous livrons tel quel à l'étude des hommes compétents.

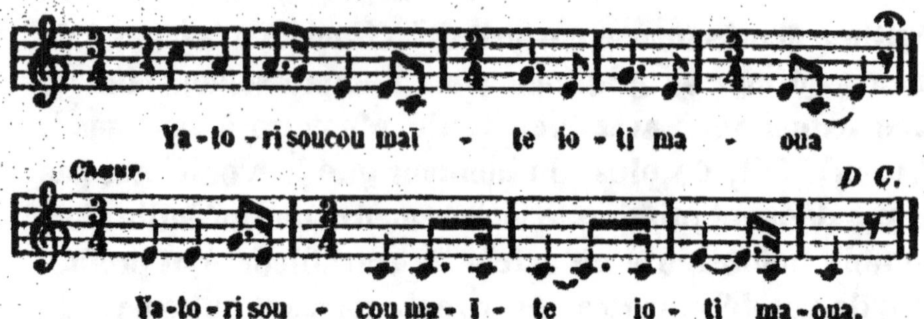

Cette première partie était suivie d'une autre qu'Apatou s'est refusé à étudier avec le compositeur, convaincu qu'elle ne pouvait être reproduite. Toutefois, le refrain en a été retenu et nous le joignons au premier.

L'originalité du rhythme de ces chants bonis frappa l'assemblée qui témoigna au brave nègre, par ses applaudissements, qu'elle lui savait gré de sa bonne volonté.

Qu'il nous soit permis de dire que cette fête fut sans nuages. Les membres de la Société et la population nancéenne avaient tenu à honneur de fêter le docteur Crevaux, et la salle du théâtre était véritablement une belle salle de première. A notre tour de remercier nos collègues et la population nancéenne de la sympathie toujours croissante qu'elle témoigne à notre œuvre. Les applaudissements réitérés avec lesquels elle a accueilli les orateurs, surtout le docteur Crevaux et notre aimé président, nous sont une preuve que tous nous comprennent en attendant que tous soient avec nous.

Le Secrétaire général,
J. V. BARBIER.

(Extrait du *Bulletin de la Société de géographie de l'Est.*)

80°
75°
ÉTATS UNIS
DE
COLOMBIE
Rio Mia
R. Guyabero
Rio Negro
Rio Vaupes
Chili
Chili
Chili
Rio Napo
Rio
Rio Japora
ou
Chili
Caqueta
Yumaya
ou
Içar
REP.que DE
Amazone R.
L'ÉQUATEUR
Rio Marañon
Rio
R. Jutai
Rio Javary
Rio
EMPIRE
PÉROU
Ucayali
BOLI

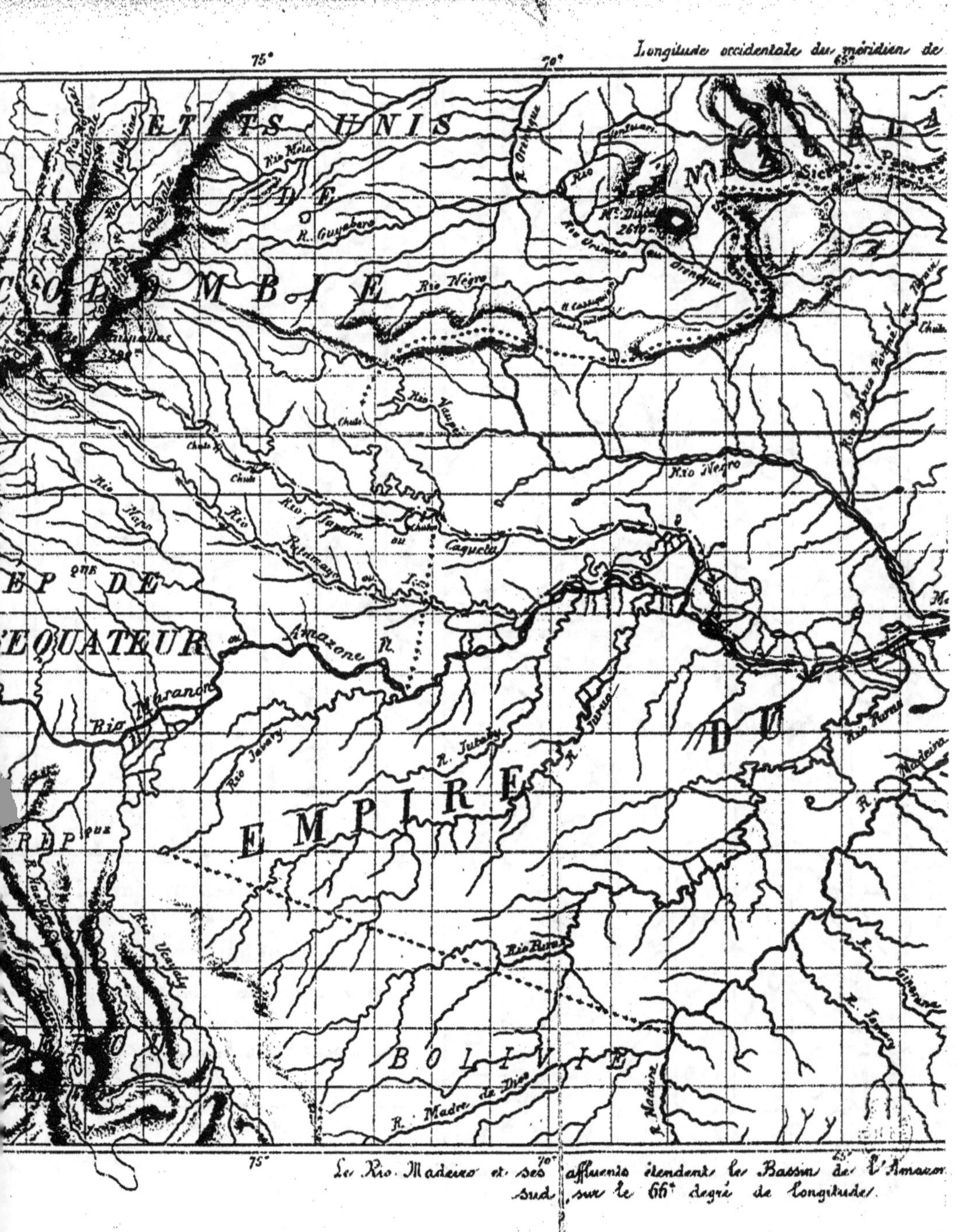

Longitude occidentale du méridien de
75°
70°
65°
ETATS UNIS
COLOMBIE
DE
Rio Meta
R. Guyabero
Rio Negro
R. Orenoque
Rio Uranico
R. Orenoque
Nº Duida
2610
Sierra
R. Branco
Rio Negro
RÉPque DE
L'ÉQUATEUR
Rio Napo
Rio Putumayo
Rio Tapura ou
Amazone R.
Caguela
Chute
Rio Marañon
Rio Javary
Rio Jutahy
R. Juruá
R. Purus
Madeira
R.
EMPIRE
DU
BRÉSIL
RÉP. que
Uruguay
BOLIVIE
Rio Purus
R. Madre de Dios
R. Madeira
75°
70°
65°
Le Rio Madeira et ses affluents étendent le Bassin de l'Amazone
sud sur le 66ᵉ degré de longitude.

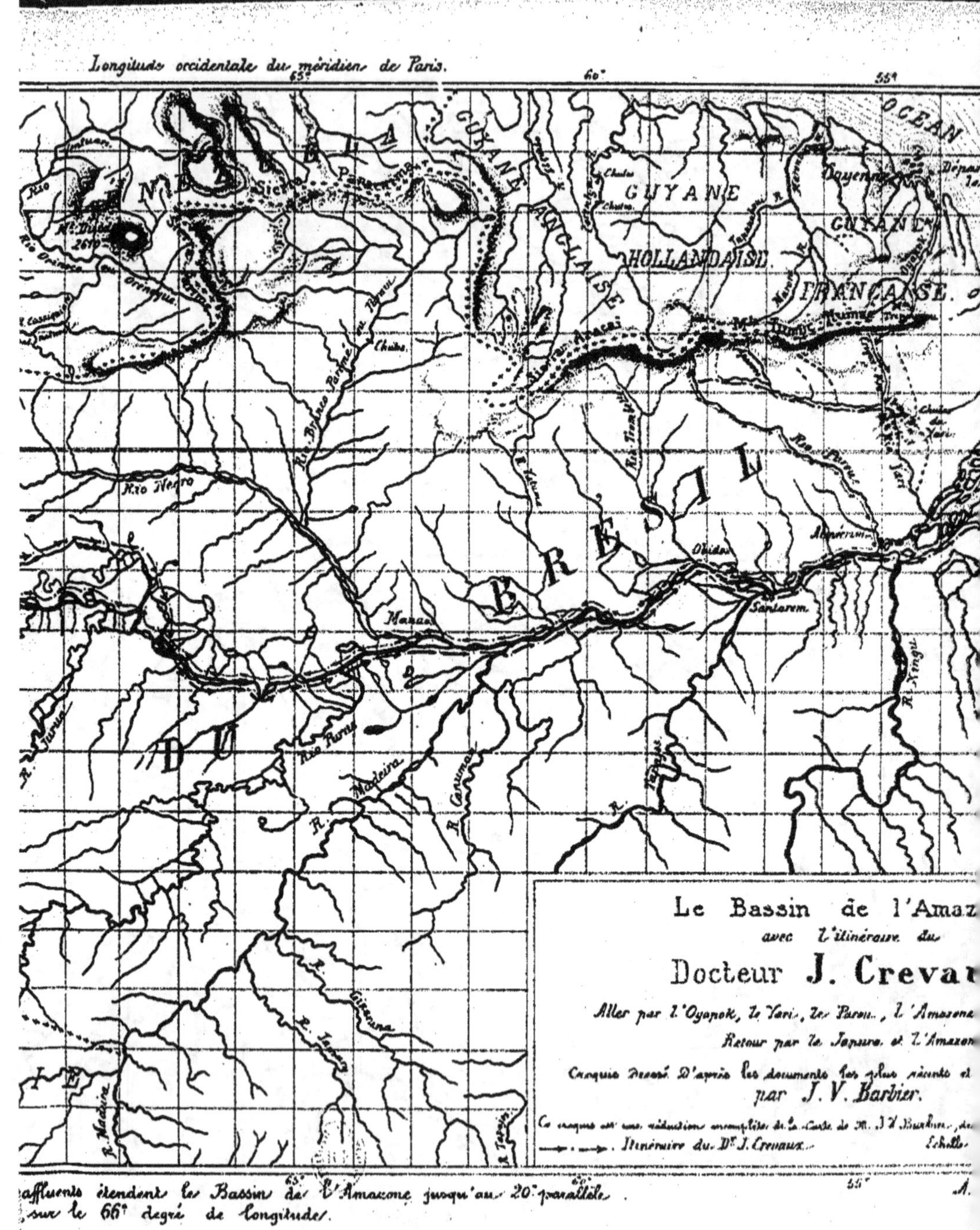

Longitude occidentale du méridien de Paris.
OCEAN
GUYANE
GUYANE
HOLLANDAISE
FRANÇAISE
BRESIL
DU
Rio Negro
Manaos
Obidos
Santarem
Le Bassin de l'Amaz
avec l'itinéraire du
Docteur J. Crevaux
Aller par l'Oyapok, le Yari, le Parou, l'Amazone
Retour par le Japura et l'Amazone
Croquis dressé d'après les documents les plus récents et
par J. V. Barbier.
Itinéraire du Dr J. Crevaux
Echelle
affluents étendent le Bassin de l'Amazone jusqu'au 20° parallèle.
sur le 66° degré de Longitude.

ale du méridien de Paris.
OCÉAN
GUYANE
GUYANE
HOLLANDAISE
FRANÇAISE.
ATLANTIQUE
Cayenne
Départ de Cayenne
le 21 Août
1878
BRÉSIL
Obidos
Santarem
Manaa
Bouches de
l'Amazone
Ile de Marajo
R. Xingu
R. Tocantins
Rio Purus
Madeira
R. Caqueta
Le Bassin de l'Amazone
avec l'itinéraire du
Docteur J. Crevaux
Aller par l'Oyapok, le Yari, le Parou, l'Amazone et le Putumayo
Retour par le Japura et l'Amazone.
par J. V. Barbier.
Itinéraire du Dr J. Crevaux
Echelle de
ssin de l'Amazone jusqu'au 20ᵉ parallèle.
Longitudes.
A. Barbier, autog. Nancy.